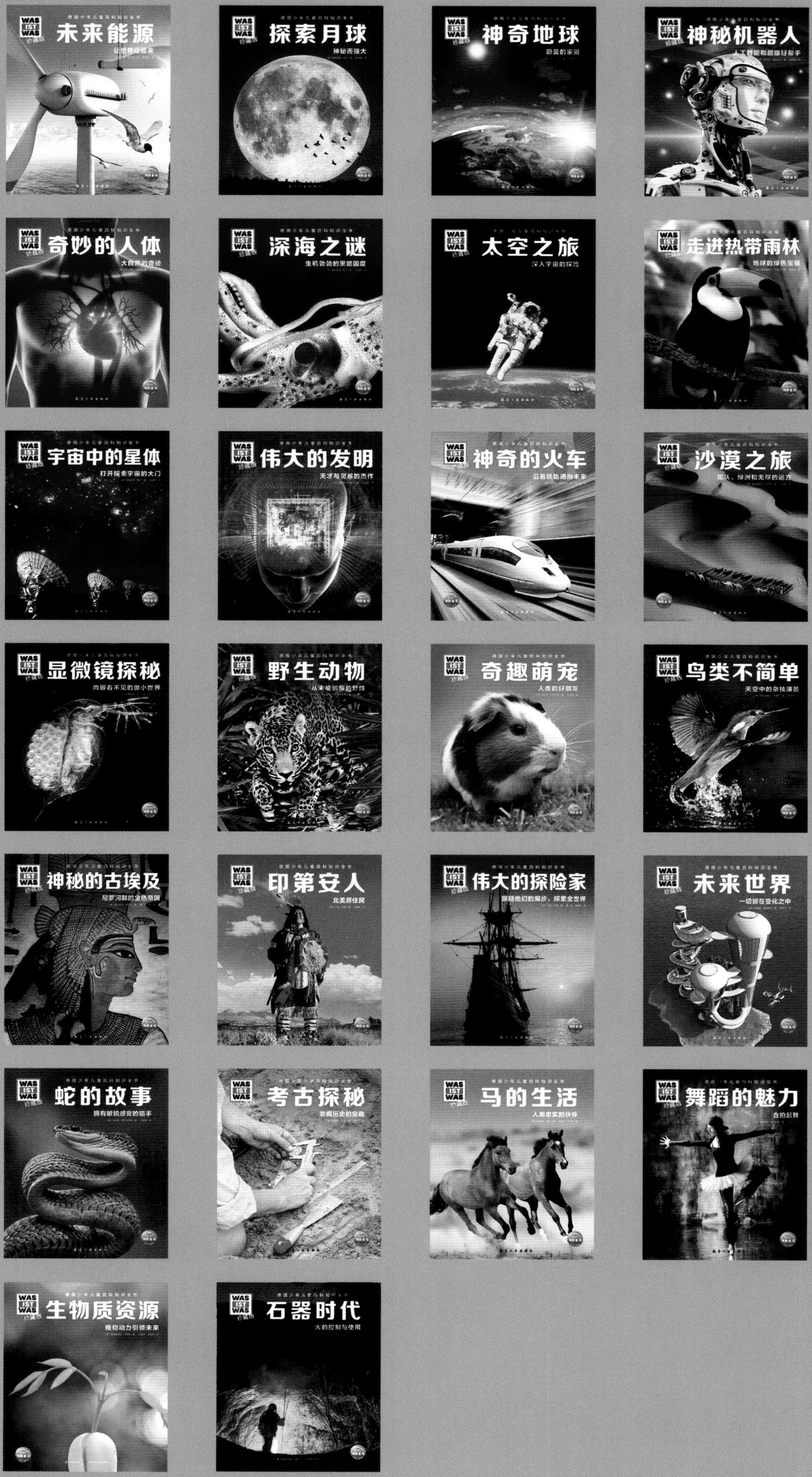

未来能源
让世界动起来

探索月球
神秘而强大

神奇地球
蔚蓝的家园
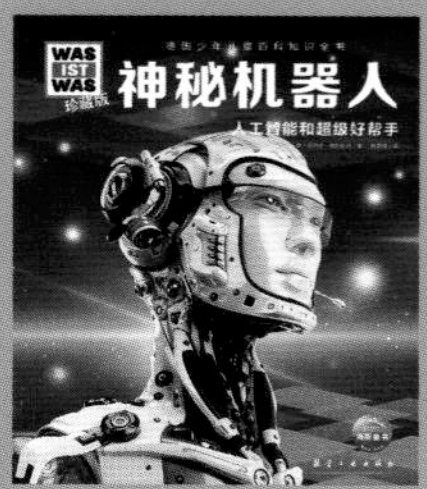
神秘机器人
人工智能和超级好帮手

第一辑·全10册

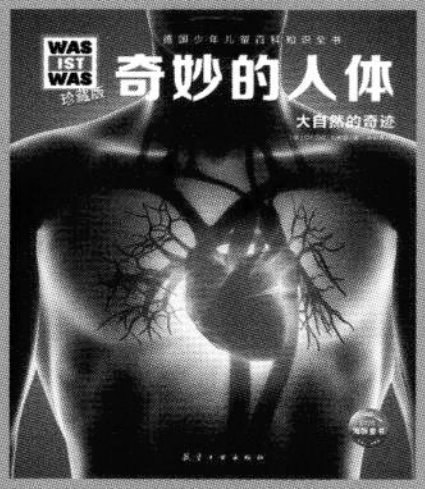
奇妙的人体
大自然的奇迹
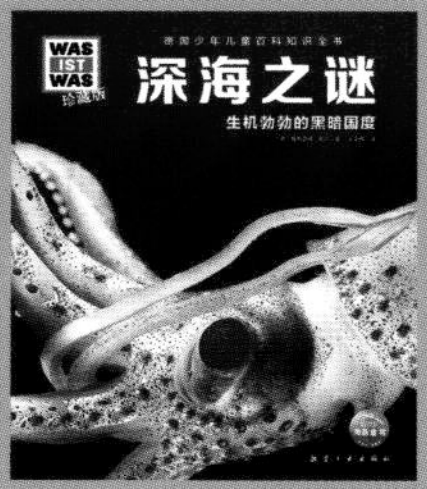
深海之谜
生机勃勃的黑暗国度

太空之旅
深入宇宙的探险

走进热带雨林
地球的绿色宝藏

第二辑·全10册

宇宙中的星体
打开探索宇宙的大门

伟大的发明
天才与灵感的杰作

神奇的火车
沿着铁轨通向未来

沙漠之旅
驼队、绿洲和无尽的远方

第三辑·全10册

显微镜探秘
肉眼看不见的微小世界

野生动物
从未被驯服的野性

奇趣萌宠
人类的好朋友

鸟类不简单
天空中的杂技演员

第四辑·全10册

神秘的古埃及
尼罗河畔的金色帝国

印第安人
北美原住民

伟大的探险家
跟随他们的脚步，探索全世界

未来世界
一切皆在变化之中

第五辑·全10册

蛇的故事
拥有敏锐感官的猎手

考古探秘
发掘历史的宝藏

马的生活
人类忠实的伙伴

舞蹈的魅力
合拍起舞

第六辑·全10册

生物质资源
植物动力引领未来

石器时代
火的控制与使用

第七辑·全8册

WAS IST WAS

学习源自好奇

科学改变未来

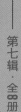

U0182225

珍藏版

神奇地球

蔚蓝的家园

［德］卡尔·乌班／著 林碧清／译

航空工业出版社

方便区分出
不同的主题!

真相
大搜查

18

骆驼如何对抗
炎热?

从太空里的现象探索
地球是怎样诞生的。

6

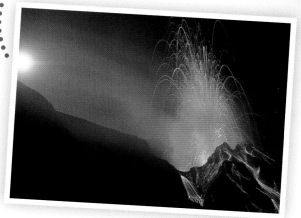

26

脚下的深处其实
很烫!

30

嗨！
我是所有鸟类的祖先。

40

世界上第一辆汽车看起来像马车。

**符号箭头 ▶ 代表内容
特别有趣！**

重要名词解释！

46

最长的河流峡谷、
最热的地方——
地球之最。

宇宙中的
绿洲

克里斯·哈德菲尔德抱着吉他，飘浮在太空站里。

那是 2013 年 5 月的某一天，克里斯·哈德菲尔德正在向窗外眺望。这不是一扇普通的窗子，因为它距离地面 400 千米！克里斯是一名航天员，他正飘浮在绕着地球运行的国际太空站里。他的地位相当重要，因为在这个太空任务里，他是 6 个航天员的指挥官。他从太空站俯瞰地球时，首先映入眼帘的是蓝色的海洋，还有海里多姿多彩的暗礁。接着看到沙漠和绿色的大地，地上有交错的河流，附近还有微小的城市，以及农民开垦的田园。克里斯思念着住在地球上的伙伴，希望把此刻的感受传递下去，就拿起一把吉他，唱了起来，他还录制了 MV，是非常棒的一首歌。这首歌讲的是一个孤零零的航天员，即将踏入太空舱、返回地球时的心情。他的歌声告诉我们，对于眼前所看到的蓝色星球，他是多么地感动。克里斯的一位同事很久以前就告诉过他："在这浩瀚的宇宙中，地球真是一块奇妙的绿洲。"

绿洲是沙漠里少数绿意盎然的地方。在太空里，无论是朝着哪一个方向飞行，所能看到的都只是永无止境的黑暗，以及宇宙里沉寂的天体。地球上有肥沃的土地与原始森林，只有这里有源源不绝的水与生命。我们的星球还是一个千变万化的世界，自从诞生以来，就不断地变换它的面貌与景观。流水不断地凿入岩石，形成深谷。就算是大陆也不甘寂寞，它们动个

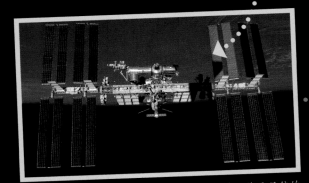

这个国际太空站，就是克里斯·哈德菲尔德工作及居住的地方。

不停，不断推挤出新的山脉，改变地球的面貌。

克里斯所唱的这一首布鲁斯歌曲，像野火般地蹿红，受到好几百万人的喜爱。他的信息，的确送达许多人的心里！几天后，就像在歌里所唱的一样，他自己也踏进了返回地球的太空舱，终于降落在稳固的地面。从外层空间看到的这颗蓝色星球，他将永难忘怀。

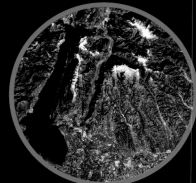

在太空站运行的轨道上，可以看到地表的纹路与结构。

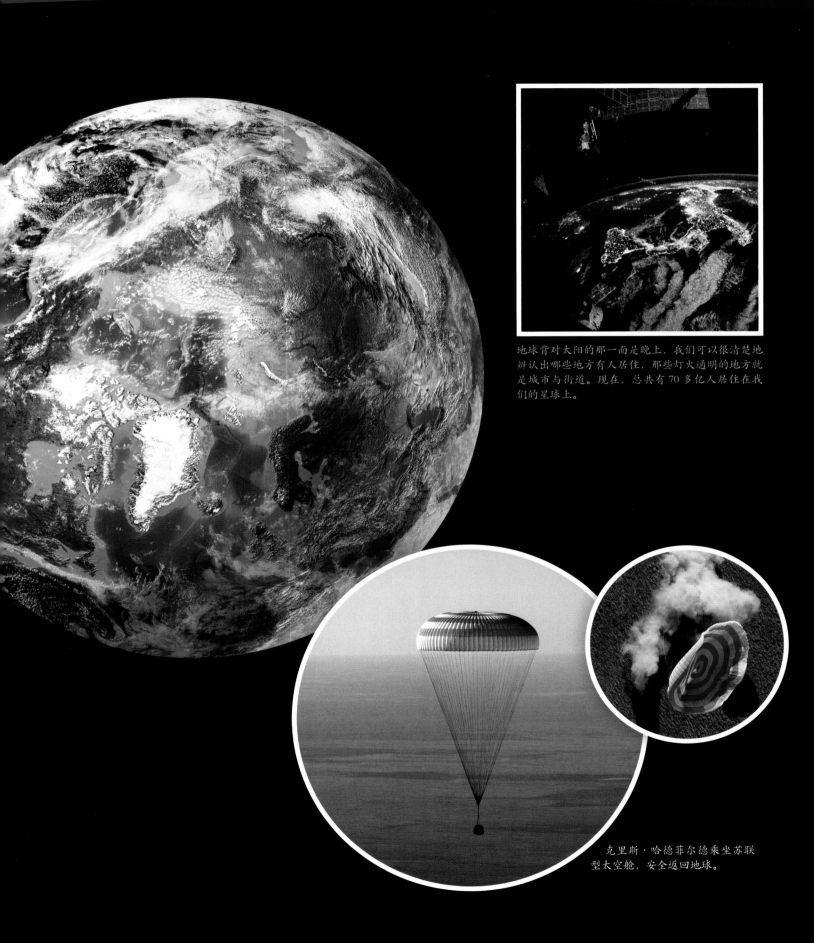

地球背对太阳的那一面是晚上，我们可以很清楚地辨认出哪些地方有人居住，那些灯火通明的地方就是城市与街道。现在，总共有 70 多亿人居住在我们的星球上。

克里斯·哈德菲尔德乘坐苏联型太空舱，安全返回地球。

轰……！
一切都从大爆炸开始！

最初，是一个星体发生了爆炸，接着，碎片和气体往四面八方射去，形成一层薄薄的旋涡。随着时间的流转，旋涡也越来越紧密，在它的中心点首先诞生了一颗太阳，其他的碎片就绕着这颗刚出生的太阳运行。随着时光的流逝，这些碎片聚集成好几块，越聚块越大，到了 46 亿年前，终于形成一颗地球。大约在 1000 万年后，地球渐渐变成现在的大小。一开始，地球曾是由熔化的岩浆构成的火球，过了好多年，炽热的岩浆才慢慢冷却下来，凝固成陆地。接着又开始下雨，持续不断的雨越来越多，形成了河川。越来越多的水聚集在低洼的地方，形成了海洋，地球的表面于是由稀稀落落的陆地和浩瀚的海洋构成。就这样，之后还要再经过很多很多年，才慢慢出现了微生物、植物、动物，最后有了人类。

你相信吗？

宇宙中的星球多得难以想象，根据科学家的估算，比地球上所有的沙粒的数量还要多！

最高纪录
地球所遭遇过的最大碰撞

几十亿年前，曾经有一颗巨大的星球跟地球相撞，这次的碰撞使得大量炽热的岩石被甩到太空。这些被甩到太空里的岩石碎片，形成了地球现在的伙伴——月球。

太阳 水星 金星 地球 火星 木星 土星 天王星 海王星

你知道吗？

　　环绕着太阳运行的行星一共有 8 颗，最接近太阳的是比较小型的岩质行星，离太阳较远的 4 颗是气态行星。

为什么地球那么与众不同？

　　到目前为止，据我们所知，地球是唯一有生物的星球。地球有一个大气层，就像果皮一样包裹着我们，但这是一层由空气形成的膜。在这层膜里面，有我们呼吸所需要的氧气。此外，地球上还有水。没有水，就不会有生命。最后，它还有充足、温暖的阳光。因为地球绕行太阳的轨道与太阳的距离恰到好处，只要再稍微靠近太阳一点点，地球上的水就会全部蒸发掉。要是离太阳再稍微远一点点，就会太冷，使得所有的海洋和湖泊都结冰。

烘焙食谱

地 球

*

材料：

* 准备一大堆星尘跟气体，

* 在太空中把它们掺在一起，均匀搅拌，

* 直到出现硬块，

* 慢慢地把它们捏合在一起，

* 再揉搓个几千万年。

* 用 5000℃的高温烘烤，直到表面变硬，

* 再等几百万年，让它冷却。

地球的保护膜

抬头仰望天空时，我们看到的就是地球的大气层。大气层非常巨大，而且有好多层，从我们看得见的天空，一直延伸到外层空间去。

大气层的空气包覆着整个地球，在阳光的照射下，呈现蓝色。空气里含有各种不同的气体，包括氮气、二氧化碳和氧气。要是没有氧气的话，我们就没有办法在地球上存活下去了。

氧气是从哪里来的？

大气层之所以含有氧气，要感谢所有的植物，因为它们不断补充空气里的氧。植物从根部吸收水分，并且由叶子上微小的气孔吸入二氧化碳，在太阳的照射下，阳光照在植物中的叶绿素上，把二氧化碳和水转化成植物所需要的养分。在这个过程中，刚好产生我们所需要的珍贵氧气。

散逸层

这里只剩下很稀薄的空气，是地球大气层的最外层。由于空气相当稀薄，因此绕着轨道运行的卫星，几乎不会受到空气的阻碍。

知识加油站

▲ 你每天大约呼吸 5 万次。

▲ 你的身体需要源源不绝的氧气，才能够产生能量。

▲ 当你吸入氧气时，肺部会吸收空气里的氧，让它们渗入血液里，带到整个身体。

国际空间站

极 光

500千米

热层

在这个高度，太阳风所带来的粒子还可以吹得进来。因此我们可以在晴朗的冬天夜晚看到极光在空中"跳舞"。

中间层

中间层位于大气层中间。在它上面是卫星运转的轨道，下面则是呼啸来往的飞机。中间层里还有很多空气，所以当宇宙飞船要回到地球的时候，船身会因为跟空气摩擦而产生热量，达到1500摄氏度的高温。流星会发光，就是因为它跟空气摩擦，产生高温而燃烧发出光亮。

臭氧层

平流层里有一个臭氧层，可谓是"地球的太阳眼镜"。太阳光里含有多种不同的光线，其中有一部分就是紫外线。它对多数生物会造成危害，导致灼伤，甚至患皮肤癌。但臭氧层并非那么完美无缺，所以当我们外出、在强烈的太阳底下活动时，应该使用防晒油来保护皮肤，以免受到紫外线的伤害。

平流层

在这里几乎看不到云，也没有我们所熟悉的天气现象。没什么人对这里感兴趣，但是在2012年10月15日，菲利克斯·鲍姆加特纳（极限运动家）居然敢搭乘特制热气球，还来到39千米的高处，飞行从这里跳了下去。飞行途中，有一半的时间都是处于无重力落伞还没有张开的无重力状态，这使得他成为有史以来第一位飞行速度超过音速的人。

对流层

覆盖地球表面以及群山的大气层叫对流层。浮云和飞机都在该流层活动。风、云、雨、雾以及平日的大部分天气现象，也都发生在对流层。

80千米

流星

50千米

20千米

15千米

跟着太阳过一年

寒冷的冬天过了，就是春天，这时鸟儿都回来了，因为天气变暖和了。但是为什么会这样呢？春夏秋冬是怎么回事呢？如果我们从外层空间来看地球，就会明白了。地球随时都在动，除了自转，它还绕着太阳公转。

一年四季是怎么来的？

地球绕行太阳一周，需要一整年的时间。我们有时候觉得寒冷，有时候觉得炎热，最主要的原因在于地球自转的转轴，这个转轴大约倾斜了 23.5 度。地球的转轴，可以想象为一条穿过南极和北极的直线。当北半球是夏天的时候，这条直线的上方向太阳倾斜，这时如果从地面观察，太阳的位置比较高，阳光几乎是直接照射到地面。夏天日照的时间比较长，地面就变得暖和。

到了冬天，北半球会向太阳的反方向倾斜，这个时候阳光照射到地面的角度比较斜，每天日照的时间较短，地面也就较为寒冷。

知识加油站

▶ 夏天日照的时间长，冬天日照的时间短。日照最长的那一天叫作夏至，北半球是 6 月 22 日或 21 日，南半球是 12 月 22 日到 21 日中的一天。

▶ 但是在极地里，日照最长的那一天，太阳一天 24 小时都不落下。日照最短的那一天，太阳根本升不上来，一天 24 小时都是黑夜。

3 月 21 日或 20 日：春分

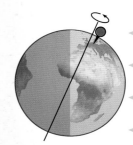

6 月 22 日或 21 日：夏至

9 月 23 日或 22 日：秋分

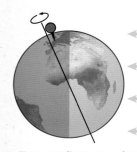

12 月 22 日或 21 日：冬至

比起夏天，冬天里阳光要走更远的路才能到达地面，这使得太阳光的热量减弱，因此比较寒冷。

为什么会有白天和晚上？

我们常常说，"太阳从东边升起，由西边落下"，严格说来，这是不对的！事实上，太阳既不升起，也不落下，它其实永远都在太阳系的中心点。

我们会有白天和晚上，完全是因为地球的自转。地球绕着自己的转轴，每24小时转一圈，它永远有一面背对太阳。面对太阳的那一面是白天，背对的一面是晚上。因为地球自转，所以从地面上看起来，就好像是早晨太阳从地平线升起，傍晚又落到地平线下似的！

在夜里，太阳并没有落下：其实是你跟着地球自转，转到了背对太阳的那一面。

春 天

夏 天

秋 天

冬 天

我们可以从落叶树的外表看出一年四季的运行，夏天绿叶茂盛，到了秋天就会转红，冬天来临时，树叶会掉光。要等到来年春天，才会再长出新的叶子。

➡ 最高纪录
8 个月

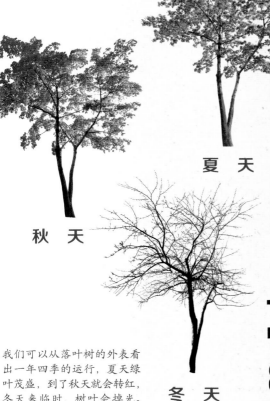

睡鼠可以从9月一直睡到次年5月，它们用冬眠的方式来度过寒冷的冬天。因为可以一觉睡这么久，所以它们名为睡鼠。冬天一到，它们就躲在树洞里不出来，等待春天的来临。

北冰洋

北海

波罗的海

大西洋

太平洋

黑海

太平洋

地中海

印度洋

除了世界四大洋（大西洋、太平洋、印度洋、北冰洋）之外，还有许多比较小的海洋，例如北海、波罗的海、地中海。

水，
生命的源泉

如果我们从宇宙看地球，它就像一个巨大的游泳池。地球表面总面积的三分之二都覆盖着水，这使得地球散发着蓝色的光芒，所以我们才把地球叫作蓝色星球。没有水的话，我们都活不下去！它同时也是许多植物和动物的家——从微小的蟹类，到巨大的鲸鱼。此外，海洋对天气也有决定性的影响力，因为海洋会蒸发许多水蒸气，在天空中聚集成为浮云。对我们特别重要的是淡水，淡水存在于河流和湖泊之中，这些水只占地球上很小的一部分。我们的饮用水大部分来自地下。地下水缓缓流过地下深处的岩石，层

层的岩石像细筛一样将地下水过滤，这些水有时候以涌泉的形式喷到地面上来，有时被人们凿井抽上来利用。我们生活中所需的淡水也来自地面上庞大的水库，下雨的时候，水库会把雨水储存起来。

➡ 你知道吗？

世界上的海洋，我们习惯以它们所邻近的大陆来帮它们取名字，但是所有的海洋其实是相通的，比较小的海，像是波罗的海、地中海，也是透过狭小的海道和大海相连接。

要是我们把地球所有的冰都融化掉，再加上海洋、河流、湖泊里的水，做成一颗水球，它的直径大约是 700 千米！

你相信吗？

在海里，目前已知有 23 万种植物和动物。但是科学家估计，要是把到目前为止还没发现的种类也包括进去，应该会有已知种类数量的 3 倍之多！

永恒的循环

　　水永远不会消失不见。从远古时代开始，水就一直在地球各处循环着。在这个循环中，海洋扮演了最重要的角色。在海里，水吸收了太阳光的热，蒸发成为水蒸气。海水里的盐分会残留在海里，因为它们并不会蒸发。水蒸气在空中飘浮了一段时间之后，凝结为细微的水滴，聚集在一起成为云。云随着风飘浮到陆地上方，还会有由湖泊、河川蒸发上去的水蒸气加入云的行列。慢慢地，这些云越来越重，最后掉落下来了，就下雨了，当然落下来的也可能是雪、冰雹或霰，这要视当时的气温而定。

为什么会有退潮和涨潮？

　　你可以到海边观察一下退潮和涨潮。有时水会涨到岸上来，几个小时之后，又退回到离岸边很远的地方，有时我们甚至可以徒步走到

离岸的小岛上。这些现象的主导者就是地球最亲密的伙伴——月球！月球的质量是地球的八十一分之一，但是仍然拥有够大的吸引力，可以把海水拉高。所以直接面对月球的海水就会涨潮。此外，每天还会发生第二次的涨潮，这是因为地球在月球的引力之下，会产生轻微的摇晃，这会使得海水稍微往外挤压，所以背对月球那边的海水也会涨高。

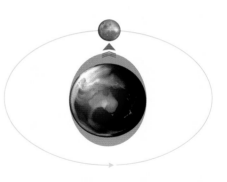

涨潮是因为海水正对着月球，受到它的吸引。在这同时，地球的另一面也会发生涨潮。

→ **最高纪录**
16 米

　　在加拿大的芬迪湾，退潮和涨潮之间水位的高低差，最高可以达到16米，这比5层楼的房子还要高！

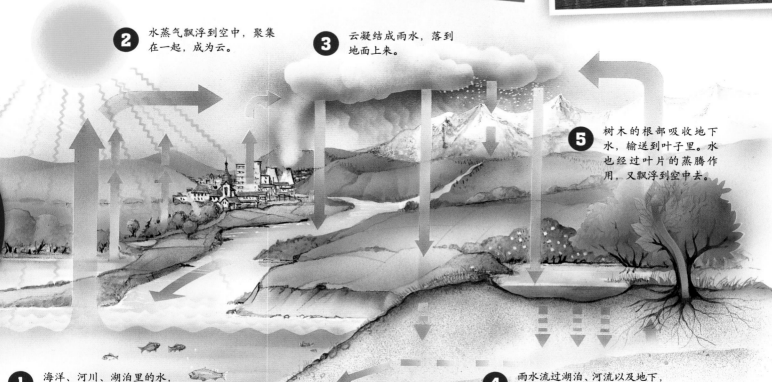

2 水蒸气飘浮到空中，聚集在一起，成为云。

3 云凝结成雨水，落到地面上来。

5 树木的根部吸收地下水，输送到叶子里。水也经过叶片的蒸腾作用，又飘浮到空中去。

1 海洋、河川、湖泊里的水，蒸发成水蒸气。

4 雨水流过湖泊、河流以及地下，终于又回到海洋。

北美洲

　　北美洲是一个很巨大的陆块，在这里可以看到地球上所有的气候类型，它从冰天雪地的格陵兰，一直延伸到墨西哥的沙漠，幅员辽阔。它的东边有许多巨大的湖泊，因此也具有与部分欧洲地区很相似的气候。在它的西部，则是一片辽阔的荒野。北美洲到处可见令人叹为观止的自然风光，像是流淌了数百万年的河川，把陆地切凿出很深很深的大峡谷；也有令人印象深刻的尼亚加拉大瀑布，水流从 50 米的高处向下急泻，气势磅礴；在火山区，更有黄石国家公园里的间歇泉，规律地从地下把热水喷向天空。

陆上
景观

　　突出于地球海面的部分，就是陆地。这些陆地如果很大块的话，我们就称它为"大陆"。大陆总共有 6 块：欧亚大陆、非洲大陆、北美大陆、南美大陆、澳大利亚大陆，以及南极大陆。这些大陆之间，有一部分是彼此相连的，后来才被苏伊士运河和巴拿马运河"切开"，只有两个大陆完全独立，那就是太平洋上的澳大利亚大陆以及位于地球南端的南极大陆。但也并非从古至今一直都是如此。我们今天所认识的几个大陆，在数百万年前其实是连成一整块的，我们称它为"盘古大陆"。后来，这一整个盘古大陆渐渐分开，并且缓慢地移动到现在的位置，就成为现今的七大洲。

南美洲

　　南美洲风光的最大特色，就是巨大的安第斯山脉，它由北至南，绵延整个大陆。这个山脉是许多河流的发源地，它提供给亚马孙雨林源源不绝的流水。亚马孙雨林是全世界最大的原始森林，这里的树木生长壮硕，有的甚至高达 20 层楼，它们是地球大气层里氧气的重要来源。这座雨林之所以珍贵，还有其他的原因：在地球上所有的大陆中，它孕育的植物和动物种类最多。相较之下，亚马孙流域以南则显得稀稀落落，那是一片一望无际的大草原。

盘古大陆

欧洲

欧洲跟亚洲相连，风光多姿多彩，可以分为中央的主要陆块以及周边的半岛及岛屿，欧洲的中心耸立着壮观的阿尔卑斯山脉。然而人们多多少少已经改变了欧洲大陆的原始面貌。除了开垦出巨大的田地之外，他们又挖掘河岸，利于船只快速通行。在荷兰，他们甚至用填海的方法，创造出新的陆地。数千年以来，欧洲人发展出多种不同的生活文化，目前这里有超过 45 个国家，而到今天还在使用的语言也超过了 100 种！

亚洲

亚洲的陆地面积，是整个地球所有陆地面积的三分之一，因此它也是最大的陆块。这里有全世界人口最多的国家，像是中国、印度，人口都超过 10 亿，因此，地球上每 3 个人当中，就有一个是中国人或者印度人。在亚洲，有一座全世界最高的山脉，那就是喜马拉雅山脉。

大洋洲

澳大利亚大陆就像一个巨大的岛屿，它是所有大陆之中最小、也最干燥的，内陆风光主要是沙漠及干燥丛林。不过这里也有一个富庶的区域，以及独一无二的动物世界。有袋类动物尤其引人注目，如袋鼠，它们的小宝宝是在妈妈肚子前方的袋子里度过出生后的前几个月的。它们又小又轻，还很需要保护。其他会在袋子里养育小宝贝的动物还有树袋熊（考拉）和袋貂。

非洲

非洲是地球上气候最温暖的大陆，因为该陆块横跨赤道，阳光强烈。占据非洲大陆北部的是世界上最大的沙漠——撒哈拉大沙漠，而展延在沙漠南方的则是疏林高草原。"疏林"就是"林木稀疏"的意思。这里住了许多巨型哺乳类动物，像是大象、长颈鹿、斑马、羚羊、水牛等。这里最大的掠食性动物是狮子、花豹和猎豹。此外，在非洲的原始森林里还住着许多类人猿，包括大猩猩和黑猩猩。这也难怪我们说，人类的祖先是来自非洲大陆。

南极洲

地球上最寒冷、最孤寂的大陆就是南极洲了。除了少数研究人员之外，这里几乎看不到人。南极大陆孤立于地球的最南端，平均气温约为零下 50 摄氏度，因此在这里可以找到世界上最厚的冰层（厚度超过 4 千米）。只有在少数几个地方，陆地的岩石才会突出于冰层之上，形成孤独的山峰。陆地的四周围绕着一些冰架，也就是厚实的冰块。冰架在海洋的盐水中四处漂浮，其边缘常有冰山坍塌下来，掉到海里。

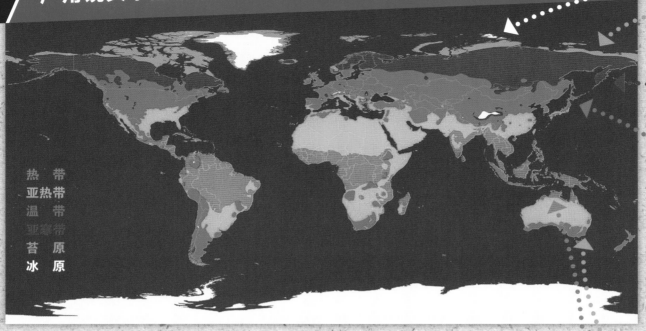

热 带
亚热带
温 带
亚寒带
苔 原
冰 原

世界地图。图中
以不同颜色标示
出各种气候区。

从热到冷，
由湿到干

如果搭乘飞机由北极往赤道的方向飞，就会跨越地球上一连串气候不同的地区。这些气候各自不同的区域，就像腰带似的，一圈一圈，由南到北环绕着我们的星球。在不同的区域，日照的时间并不一样长，而且有些地区的雨量很大，有些适中，有些则从来不下雨。然而地球上气候带的分布并不是绝对均匀的，因为气候还会随着地形的变化，而有着很大的不同。

▶ 你知道吗？

接近水域的地方，气候较为温和。因为水有调节温度的功能，在夏天会吸收多余的热量，到了冬天会释放热量。例如接近海洋的哥本哈根，气温在冬天很少降到冰点以下。然而与哥本哈根相同纬度，却远离海洋的莫斯科，气温却会降到零下10摄氏度。

温 带

在温带地区，一年当中四个季节的时间大致相同，气温则随着不同季节有较大变化。夏天热得让人流汗；到了秋天，天气变凉，树木开始落叶；冬天，许多地方都会下雪，一直要等春天来临，植物才又长出茂盛的绿叶。这些变化的主要原因在于白昼日照时间的长短会随着季节而不同。夏季的白昼是冬天的两倍长！欧洲大部分的地区都是温带气候，此外还有日本北部以及澳大利亚南部。

热 带

热带地区每天的日照时间差不多长，居住在这个地方的人对此习以为常。日出的时间都在早上6点，经过正午时刻的炎热日晒，日落的时间则是傍晚6点。这一切都发生在相近的时间！白天的太阳总是高高地挂在天空，每一天的白天总是那么长，一年到头都是夏天。在这么强烈的日照之下，会有许多水分蒸发到空中，使得空气变得潮湿。这种潮湿的气候，有助于热带雨林的生长，因此树木也是一年四季都绿意盎然。

苔 原

在挪威的斯瓦尔巴群岛，几乎一整年都是冬天，土地到处都是结冻的。因为欠缺充足的水分和阳光，树木在这里难以生长，所以在这里的植物主要是低矮的灌木。就算到了夏天，气温上升到冰点以上的日子也很少，不过这时候，原本贫瘠的土地也会出现美丽的花朵。但是夏天只有短短的几个星期，很快就会过去。

冰 原

这个地区的土地常年覆盖着冰和雪，看不到植物。在这里，主宰气候的是冰河。就算阳光普照，也不会变得暖和些，因为一整片白色的冰雪把阳光全都反射回去了，吸收不了它的热量。除此之外，这里还常常有刺骨的暴风雪。冰原带是地球最冷的地方！

亚寒带

亚寒带气候带只位于北半球。在这里，冬天比夏天来得长，所生长的植物几乎只有针叶植物。相对于落叶树，针叶树的优点是冬天几乎不掉叶子。因为针叶的表面积比较小，水分的蒸发量也比落叶树少得多，所以能够度过缺乏水分的冬天，四季常青。而落叶树则需要充分的水分及日照，才能够维持它的绿叶，所以很难挨过漫漫长冬。

亚热带

亚热带的夏天气温可以高过 40 摄氏度。到了冬天，也不见得会有多冷。不同的区域，雨量有很大的不同。因此，亚热带的气候可以分为 3 种：非洲的疏林草原和印度每年下一次大雨，这场大雨往往长达好几个月！另一些地方却几乎从不下雨，形成浩瀚的沙漠，就像非洲的撒哈拉。还有一种，在接近地中海的海岸则比较常下雨，也因此很适合橄榄树、无花果、橘子和柠檬树的生长。

熬过
炙热

厚叶和刺针

沙漠里有许多长相很奇怪的植物，圆滚滚的，而且带刺。它们之所以长成这样，其实是在缺水的环境中所发展出来的一种生存策略：

* 有些植物拥有厚实的叶子，摸起来有点像橡皮。相对于单薄的叶子，厚厚的叶子可以储存更多的水分，否则在炎热的沙漠里很快就会被晒干了。

* 大部分的仙人掌都没有叶子，这些植物把水分储存在丰厚的茎部，而茎就像暖气机的叶片，可以排放多余的热量，避免干枯。仙人掌长刺是为了保护自己，以免被口渴的动物吃掉。

沙漠是动植物很难生存下去的地方，但是它却占了所有陆地面积的五分之一。白天的气温会升到 40 摄氏度以上，热得让人无法忍受，却又找不到乘凉的方法。地上没有水，天空也几乎看不到一朵云，地面很快就被太阳烤得跟火炉一样热。在沙漠里，没有人敢光着脚走路，何况到处都有尖锐的石头，所以在这里每次接触到地面都是一件痛苦的事情。到了晚上，就由白天的极端环境转换到另外一个极端，无情的严寒主宰了整个沙漠！这时，气温常常降到零度以下。沙漠里不时会刮起强烈的沙尘暴。

但是沙漠并未因此而完全沉寂，这里还有一些求生专家，可以适应这极端的气候。对它们而言，气温或沙尘暴并非是最大的挑战，缺水的问题才是。植物演化出一些妙计，来储存每一滴珍贵的水。动物则千方百计躲避酷热的威胁，它们只在夜晚才出来活动，白天则通常躲在地底下的洞穴深处，这样相对舒服一些。

沙漠中最善于长途跋涉的动物

最适合在沙漠里长途旅行的就是骆驼，因为这种动物善于在缺水的环境里生存。它们很少流汗，所以省下了珍贵的水分。不仅如此，它们还可以一次喝下很多水，一整个浴缸的水只要 15 分钟就可以喝光！所以一上路，就可以在酷热中行走好几个星期，都不需要喝一滴水。背部隆起的驼峰里，储存了丰富的脂肪，可以提供一路上所需要的养分。它们一次可以背起高达 200 千克重的货物。一旦肚子饿了，它们什么都吃，只要是含有水分的东西。骆驼甚至于会去啃食带刺的植物。

响尾蛇是一种侧着前进的动物，前进的时候，身体的大部分都是悬空的，不会碰到地面。它只需要用身体的两个部位去接触酷热的地面。

地松鼠是一种随身带着太阳伞的动物。它们在太阳底下，会撑起毛茸茸的尾巴，当作太阳伞。

度过严寒

冰天雪地里的团队工作

企鹅只生活在地球的南半球，其中包括帝企鹅。帝企鹅以卓越的团队工作来照顾它们的下一代：母企鹅下蛋之后，就把蛋交给公企鹅照顾，因为妈妈必须到海边寻找食物。这时公企鹅就担负起孵蛋的工作，所有的公企鹅会聚集在一起，集体行动，一起来完成这件事情。每个爸爸都把蛋放在自己的肚皮上，保护它免于寒风的侵袭。千万不可以让蛋碰到地面，要不然很快就会结冰！两个月之后，小宝贝就会溜出来，并躲在爸爸的羽毛里。妈妈这时也差不多吃饱喝足，把小宝贝的食物带回来了，一家终于团聚在一起。

北冰洋漂浮着巨大的冰块，南极大陆四周也漂浮着好几千米厚的冰层。极地的天气非常极端，动物冬天在零下 30 摄氏度的冰上，还要忍受暴风雪的侵袭。在这片冰漠里，植物无法生长，只有少数在夏天会融雪的陆地能长出一点植物，例如低矮的灌木、地衣、苔藓植物，以及一些花朵。有许多生长在陆地的动物必须到海洋里找食物。

有趣的事情

狐狸的大耳朵

狐狸耳朵的大小，可以告诉我们"它们住在哪里"。沙漠里的狐狸，就算是在炙热的正午，都还可以保持冷静的头脑，其原因就在于它们巨大的耳朵，这可以说是它们的空调设备。这些狐狸耳朵里的血管充满了血液，正在与外界进行热交换，把体内多余的热量散发出来。相较之下，北极的狐狸的耳朵就小得多。在这里，它们的耳朵不需要流过那么多血液，与沙漠的情形正好相反。极地的狐狸必须尽可能保留身体的热量，以免受冻，也就是说，身体上任何容易散热的部分，像是耳朵，都要尽可能长得小一点。

➡ 你知道吗？

生长在冰天雪地里的北极熊一点也不怕冷，水也没有办法接触到它们的皮肤，因为它们身上的毛总是油油的。除此之外，皮毛里充满着细微的空腔，这些空腔就像膨松而含有空气的羽绒衣一样，具有御寒的作用。不过，北极熊的皮肤却是黑色的，这是因为当阳光照下来的时候，黑色才能够迅速吸收热能。当暴风雪无情地吹袭时，它们就干脆让雪下在身上，全身覆盖着雪之后，这个小雪屋就成为抵御寒风的临时避难所。

绿色的肺

森林对于地球上的生命非常重要，因为它们可以制造我们呼吸所需要的大量氧气，也因此人们把它称为绿色的肺。森林不只是对我们很重要，当掠食者四处搜寻猎物的时候，老鼠和刺猬就躲在丛林里的阴暗角落，树木之间徘徊着梅花鹿和野猪，树梢上有几只鸟正忙着筑巢，松鼠突然从树枝之间蹿过去。森林里的动物和植物共同谱出美妙的生命乐章，从森林土壤里小到看不见的细菌，到高大的树木，每一个生命都举足轻重！

为什么树木要往上生长？

所有的植物都会争先恐后地朝着有光的方向生长，我们可以在茂密的森林里看出这个趋势。所有的树木都拥有笔直向上生长的树干，在树干的高处伸展出树叶，迎向阳光，形成树冠。它们需要阳光，用来制造养分，获得能量。然而在森林里，整个天空都被茂密的树叶遮掩住了，森林的底部得不到充分的阳光，其实是阴暗的，所以较矮的植物难以生存，树木必须往上生长。要是有一棵大树在暴风雨中倒了下来，森林的天空就出现一个空缺，这个时候就给所有竞逐者提供了大好的机会：植物争先恐后往这个充满阳光的空缺生长。这个空缺同时也会使得地面低矮的树丛茂盛起来，因为阳光照进来了，大家都竞相让自己的树叶迎向这个空缺，直到空缺又被新的树冠填满。

原始牛回来了！

欧洲野牛是一种很原始的牛，本来居住在森林里，历经人类的赶尽杀绝，以致在野外完全消失。有一段时间，它们只存在于动物园里，后来在人们保育及野外放生的努力下，终于又回到属于它们的大自然里。它们现在是欧洲森林里体形最庞大的哺乳类动物。

森林里的循环

❶ 树 冠

森林的最高处、有阳光的地方，是所有树木都争先恐后想去的地方。它们在那里把自己的树叶展开，迎向阳光，进行光合作用，产生氧气。所谓光合作用，是植物的叶子利用阳光的能量，把空气里的二氧化碳，以及从地下的根所吸收上来的水，转化为植物所需要的养分，如此一来，它们才可以再长出新的叶子和树枝。此外，它们还会结出果实和种子，用来繁衍。

➡ **最高纪录**
6000 种动物

欧洲森林里的动物，超过 6000 种。

❷ 草食动物

灌木和小树的绿叶是兔子、梅花鹿等草食动物的美食。它们也吃树木的果实和种子,但是它们并没有白白地吃掉,因为经由排泄物,美味的果实中的种子也被散播到森林各处,帮助植物繁殖下一代。

❸ 肉食动物

像狼、狐狸这类的肉食动物,不是很喜欢吃绿色的东西。它们最高兴的,就是眼前突然有一只兔子跑过去,但是不能高兴得太早,要抓得到才算数。野猪则是什么都吃,常常往地底下挖,不管是野鼠还是野菇,野猪看到都会吃。

❺ 树 根

经过"森林垃圾处理"之后所剩余的东西,对于树木及其他植物也是很珍贵的。已经分解的养料,树木会连同水分一起从根部吸收进去,并且往上运送到树冠,开始另一回合的森林循环。

❹ 垃 圾

在森林里,所有掉在地上的东西,都会引发一段"森林垃圾处理"的过程。蚂蚁会利用植物的残骸来修补它们的家;有许多昆虫会吃掉落叶;细菌会去消化其他动物吃剩的东西,把它们分解,帮助土壤变得肥沃。

地球
是空心的吗？

地球是一个巨大的球体，从赤道直到地球中心点，竟然深达 6378 千米，这距离相当于柏林到纽约！过去有很长的一段时间，我们很难想象地球内部到底是什么样子。凡尔纳（科幻小说家）在他的小说《地心游记》里，把那里想象成巨大的洞穴和地底下的海洋。事实上，地球是由固态或液态的 3 层岩石叠成的。洞穴只有在地球的最外层才有，这一层称为地壳，就是我们居住的地方。再往下，就很难有空穴存在的余地，因为越到深处，上面沉重的层层岩石，往下挤压的力就越大。而且，越靠近地球中心，温度也越高，这就有如铁匠手上烧红的炙热铁块，会越烧越软，也越容易变形。因此，地球内部就算还有洞穴，也很快就会因为岩石的巨大重量而被压垮掉！

地 壳

地壳就像一层果皮，包裹着我们的地球，所有的城市和海洋都在这上面，山则属于地壳的一部分。相较于整个地球，地壳其实是非常薄的。当地球还年轻的时候，地壳破碎为许多板块，这些板块直到现在还是不断地互相推挤和摩擦。

地 幔

地幔就像果肉一样，是地球内部最厚的一层，那里非常热，温度高达 4000 摄氏度。虽然如此炙热，但地幔里的岩石却是固态的！这是因为其上覆盖着沉重的岩石，把地幔紧紧压在一起。只有在靠近地幔最上缘的部分，才带有可塑性，这里是薄薄的软流层，因此地壳板块可以在这上面浮动。

地 核

地核的半径几乎与月球的直径一样大！在我们这颗星球的最深处，有着难以想象的高温：地核温度高达 5000 摄氏度。地核的外层是由液态金属构成的。内核则是固态的岩石，它是个不断旋转的巨大球体。

➡ 你知道吗？

指北针之所以能指出方向，是因为在地球深处有个不停转动的核心。由于这种旋转，就产生了两个磁极，它们的位置约在地球北极和南极。指北针也是一根细小的磁铁，它的两端一边是正极，一边是负极。因为相反的磁极会相吸，所以指北针的一端总是被吸向北极，另一端则被吸向南极！

大气层

→ 最深纪录
约 **12000** 米

　　世界上最深的科学钻孔约12000米深，它位于俄罗斯的科拉半岛。人们花了将近20年的时间来钻这个洞，不过由于地球内部的高热和巨大的压力，钻头一再被损坏，最后他们终于放弃这项浩大的工程。其实我们也不可能往地球更深的地方钻下去了，因为不管用什么钻头，它们都会被挤碎，不然就是在高温的岩石中被熔化掉。这个世界上最深的洞穴，对地球而言，根本无关痛痒！因为这把钻子根本连那层薄薄的地壳都还没有穿透，就像一颗苹果连皮都还没有被刮破一样。

为什么 大陆会漂移？

2 厘米

要是你住在欧洲，那么每年会朝着远离美国的方向移动大约 2 厘米。

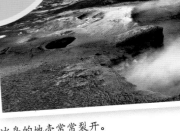

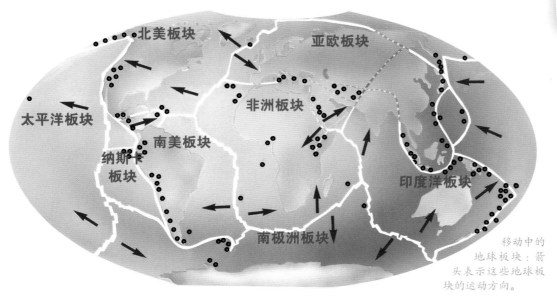

北美板块 亚欧板块

太平洋板块

非洲板块

纳斯卡板块

南美板块

印度洋板块

南极洲板块

移动中的地球板块：箭头表示这些地球板块的运动方向。

冰岛的地壳常常裂开。

地震就是地壳在剧烈运动。它可能会导致房屋与桥梁崩塌。

立正站在地上，想办法一动也不动。我们来打赌，你根本办不到！不管愿不愿意，事实上你都在移动！因为你脚底下的地面，其实是个巨大的板块，而这个板块正在缓缓地移动。我们的地壳是由六大板块以及超过 50 个小板块构成的，虽然它们就像拼图游戏那样一块一块地摆在一起，但它们无时无刻不在移动。这个过程就叫作板块运动。板块就好像漂浮在海上的冰山，但是移动非常缓慢，因为它们并不是在水里游。也就是说，在大陆以及海床底下的并不是水，而是具可塑性的岩石，它又稠又黏！所以板块移动起来非常缓慢。欧洲大陆也是巨大板块的一部分，它也是徐徐地游移着，但是你不会感觉到这种运动。欧洲和美洲下面的板块在慢慢远离，每年总共移动大约 2 厘米。

猜谜
为什么地球上的大陆会漂移？

a) 它们有轮子。
b) 它们有脚。
c) 它们在游泳。

大陆板块运动是在具可塑性的岩石上"游泳"。

地球正在裂开

冰岛位于大西洋，这个小岛上面有一些长形的谷地，它们每年都会变宽几毫米。在这里，地下的岩浆往上压迫，使得岩石终于裂开，火山也就喷出岩浆。

这种狭缝谷地不仅冰岛上面有，而且由北到南贯穿了整个大西洋中间。沿着谷地有一串火山，因为长得有点像我们的脊椎骨，所以又称为大西洋中脊。

美国的圣安地列斯断层带：这里有两个板块互相碰撞。

板块错动造成地震

在北美洲的圣安德烈斯大断层上，有两个互相错动、挤压的板块。这两个板块都是由坚硬的岩石构成，紧紧嵌在一起，而接触面越不规则的地方，压力就越大，直到有一天卡不住了，就突然发生剧烈震动，这时，美国加利福尼亚州许多城市的居民会感觉到发生地震了。这种震动有可能剧烈到使房屋坍塌。特别严重的地震，会使地面产生很大的裂缝，大到撕开田野、街道，甚至整个城市。

板块间的冲撞

有时候，板块会迎面撞在一起。例如印度，本来位于较小的大陆板块上面，在5000万年前跟欧亚板块撞在一起，印度的前缘就撞破了。历经数百万年，板块边缘挤压在一起，往上层层堆积，成为巨大的岩层堆，同时也互相推挤，产生层层的皱褶，因而形成喜马拉雅山脉。这里有8848.86米高的珠穆朗玛峰，是世界最高的山峰！

为什么会有火山？

火山形成的一个重要原因，就是地球上的板块会移动，而在板块挤压的过程中，潜入地底的部分，会因为地底下的高温而慢慢熔化。这些熔化的岩石，随时都想要往上寻找发泄的出口。岩浆的压力升高到某个程度，地表也就随之隆起！在接近地表的地方，炙热的岩浆最后会找到直通地表的裂缝，这就是火山口！随着一声巨响，火山爆发，从火山口喷出岩浆！

皮纳图博火山：活火山

位于菲律宾的皮纳图博火山"沉睡"了 500 年之久，到了 1991 年，它醒了过来。在爆发之前，发生了很多次地震，这使得住在附近的人有足够的时间，疏散到安全的地方。

印度洋板块

巨大的坦博拉火山

坦博拉火山位于印度尼西亚，它爆发时产生一个巨大的火山口，造成上万人伤亡。爆发后产生大量的火山灰烬，整个天空都被遮蔽。这次的火山爆发，甚至连遥远的欧洲也遭殃，影响到农作物的收成，导致饥荒，所以 1816 年被称为"没有夏天的一年"。

知识加油站

▶ 地底下液态的熔融岩石，称为岩浆。这些岩浆聚集在一起，形成岩浆库。

▶ 火山爆发之后所喷出来的液态岩石，接触到空气之后会冷却，成为坚硬的岩石，叫作熔岩。

脾气暴躁的圣海伦斯火山

1980 年，火山学家早就知道美国的圣海伦斯火山快要爆发了。虽然如此，火山爆发的时候，它还是把人吓呆了：将近 300 米的一大片山壁整个塌了下去！

非洲板块

在过去的一万年当中，地球上总共有超过 1500 座火山爆发。

白烟袅袅的 波波卡特佩特火山

这个奇怪的名字来自墨西哥阿兹特克人的语言，意为"冒烟的山"。几年来，它一直发生小型喷发而受到严密的监视。

大西洋板块

无害的 斯特龙博利火山

意大利的斯特龙博利火山喷发时不易发生意外，因为里面的岩浆很稀，易流动，不会堵住火山口。每隔几分钟到几小时，它就会喷出岩浆，因此有观光客到这里欣赏美景，从远处拍照留念。

太平洋板块

潜藏于地下深处的危机

地下深处的岩浆有时候比较稀、容易流动，会由火山口缓慢流溢出来。在这种状况下，附近的居民往往有足够的时间可以疏散到安全地点。然而有些火山比较危险，因为它们里面的岩浆比较稠、难以流动，这种岩浆容易淤积堵塞在火山口里，直到有一天，压力超过了临界点，就发出一声巨响，喷了出来！这就好像拿着香槟瓶子一直晃，最后挡在瓶口的软木塞就会"啵"的一声喷出去。火山爆发时所喷出来的东西，

有岩浆、岩石碎片，以及覆盖整个天空的浓密灰尘。它们很快就会再从天空中落下，覆盖整个地面，破坏房屋，损毁屋顶。特别严重的火山爆发甚至还会影响到几千千米外的天气。

最可怕的就是随着火山灰烬喷发到空中的硫化物，它们会遮蔽掉太阳的部分热量。因此在火山大喷发之后，接下来几个世纪，附近的农作物收成都不会好。

由海底涌出的温泉具有丰富的矿物质，这可能是原始生命赖以维生的养分。

团藻是由好几百个到几千个海藻单细胞构成的，这些细胞共同生活在一个球形的聚落里，各司其职。

忙碌的
水中世界

海洋是孕育生命的原生地。35 亿年前，地球上的第一批生命诞生在海洋，它们的身体只由单一的细胞构成！我们称之为单细胞生物。它们非常细小，用肉眼通常看不见。这些微小的单细胞生物，我们也将它们称为微生物，它们是所有生活在地球上的生物的祖先。这些微生物所需要的养分，很可能来自由海底喷出的温泉。有一些微生物则学会了利用太阳的光线，来产生所需要的能量。

单细胞生物必须忙着做很多事情：它们要吃东西，也要把消化过的排泄掉；它们要保护自己，以免被人攻击或吃掉；它们还必须想办法繁殖后代。这么多的事情，对于这个渺小的身体来说，负担实在是太大了。总而言之，一个单细胞生物也是活得很艰辛的。

团结就是力量

团结就是力量，同心协力，联手解决问题，是个很好的办法。然而对于最原始的生命而言，它们很可能是在一场意外之中，才领悟了这个道理。据推测，很可能一开始凑巧只有几个单细胞生物在一起寻找食物，因为一起做这件事情，"人多势众"，就比较不容易被吃掉。没多久，就形成了具有上千个单细胞生物在一起生活的部落。但是很快它们又碰到一个问题，"僧多粥少"，也就是说，再也没有什么可以吃的东

你相信吗？

最初的生命是由一个细胞构成的，而你的身体却总共有 40 万 ~ 60 万亿个细胞。

海绵可以说是世界上最早的多细胞生物之一，它的身体里有许多已经特异化的细胞。特异化就是为了分工合作，各自发展出独特的功能。有的细胞可以制造养分，有的专门负责消化的工作。

腔棘鱼是一种最早期的鱼类，数亿年以来都住在大海里。

现在已经绝迹的三叶虫，曾经在海洋里生活长达2.7亿年之久。它们大多居住在海底。

西敢靠近它们。因此，过不了多久，它们又学会了分工，也就是每一种细胞负责不同的任务，有些专门负责寻找食物，有些则负责消化，最后这个部落就演化成为复杂的有机体。这就是多细胞生物的由来，它们甚至于采用复制整个部落的方式来繁殖，这就是所有动物的祖先！

多姿多彩的多细胞生物

多细胞生物分工合作的生活方式既然有这么多好处，这些原始的动物就会一再尝试演化出新型的特异细胞。对光线比较敏感的细胞，慢慢演化成最原始的眼睛；演化成肌肉的细胞使得动物具有行动能力，可以抵达想去的地方。

随着时间推移，衍生出更多、更复杂的种类，这个过程彻底改变了海洋世界。海绵稳稳地坐在海底，任由海水流进身上的许多小孔，把可以吃的东西留下来。另一方面，海蜇为了寻找食物，则必须到处游来游去。原始的蟹类动物钻到沙里，用身上坚硬的甲壳以躲避饥饿的鱼群。与此同时，海里掠食者的攻击策略也不断升级，它们演化出锐利的牙齿，用来咬穿食物身上坚硬的甲壳。这里展开一场进攻与防守的竞赛，竞赛的目的只有一个，那就是：我要活下去！在好几百万年的时光里，海洋世界的生命变得越来越多姿多彩。

海藻是由海洋中细微的生物演化而成的，可能是所有植物最古老的祖先。和树木一样，它们也利用阳光来制造氧气与能量。

4.5亿年前
小型陆上植物

3.85亿年前
树木

3.6亿年前
动物登陆

2.4亿年前
恐龙出现

6500万年前
恐龙绝迹

20万年前
现代人类

棘螈是最早生活在陆地上的生物之一。这种原始生物甚至可以在陆地上呼吸空气，这要归功于它身上的肺。

在远古的石炭纪，一只巨脉蜻蜓可以长得像乌鸦那么大。第一批原始的陆地动物还有远古蜈蚣虫，它们那时候超过2米长。

征服**陆地**

雷龙曾经是陆地上所发现的体形最大的动物（后来发现了易碎双腔龙等更大的恐龙）。在全世界所有的大陆，都找到过这种巨型动物的遗骸。

4.5亿年前的海洋里面充满了生命，但是陆地上却没有植物，也没有动物。造成这种现象的原因很多：当时地球的大气中还缺乏臭氧层，无法阻挡危害生物的紫外线。但是就算后来形成了臭氧层，陆地上也还是无法居住，因为许多地方还是缺水。阳光很快就会把地上的水蒸发掉，因为那时候还没有植物可以提供庇荫。

植物是哪来的？

渐渐地，海洋里的植物才移居到陆地上。它们起先是生长在浅水的池塘里，不过池里的水一到夏天就会干涸。但是很快就发生了急剧的变化：苔藓蔓生在苍凉的岩石荒野，因为这种植物几乎不需要土壤，它们可以从雨水中吸收所需的养分。它们死掉之后，就成为养分，使土壤变得肥沃，于是慢慢出现了越来越大的植物。我们所认识的地球上最古老的、长得像树木的植物，就这样出现了，它们最高可以长到8米，但是看起来跟现在的树木有很大的不同，它的树干是弯曲的，就像我们的手指往下弯那样，而且，它的身上没有树叶。

尼亚萨龙是最早的一种恐龙。它的身体最长有 3 米，不过这种体形比起它的许多后代来得小。

始祖鸟是一种比较小的恐龙，又叫古翼鸟，它拥有能飞的羽毛翅膀。始祖鸟曾被认为是现代鸟类的祖先。

这只恐龙用两只脚走路，拥有强而有力的下颌和锐利的牙齿。霸王龙是体形最大的掠食性恐龙。

动物的演化

远古时期，动物只生活在海洋里。不过，有些鱼类是生活在浅水的河流或湖泊里。渐渐地，这些鱼类演化成为陆上的"居民"。它们身上的鱼鳍长得越来越像是有力的脚，因此可以踩在地面上。有些鱼类甚至拥有肺，可以偶尔吸进一口空气。这些原始的动物就以这样的装备，在 3.6 亿年前跑到陆地上来吃东西，偶尔才回到水中产卵。同时，有其他更多的动物移居到陆地上，例如有像乌鸦那么大"嗡嗡"地飞过树林的巨脉蜻蜓；又或者是从矮树丛下爬过的多足远古蜈蚣虫！

恐龙统治的时代

恐龙有好几百种，它们主宰地球上的陆地，大约有 1.7 亿年之久。科学家推测，恐龙时代之所以结束，可能是因为有一颗长达 1 千米的陨星撞上地球。在这次灾难中，绝大多数的恐龙随之死亡。只有少数恐龙幸运地存活下来，它们后来演化成我们所认识的鸟类。

最早长出叶子的植物是蕨类。它们直到今天还生长在森林里。

4.5亿年前 小型陆上植物

3.85亿年前 树木

3.6亿年前 动物登陆

2.4亿年前 恐龙出现

6500万年前 恐龙绝迹

20万年前 现代人类

1. 阿法南方古猿：390 万年前
2. 能人：250 万年前
3. 直立人：180 万年前
4. 海德堡人：85 万年前
5. 智人：20 万年前

人类
出现了

人类的祖先是猿，大约 390 万年前住在非洲的南部，称为"阿法南方古猿"。我们可以灵巧地运用双手，就是遗传自它们。它们居住在树上，所以善于攀爬，也很擅长采集植物的果实。跟阿法南方古猿有亲戚关系的还有猩猩和黑猩猩。我们跟它们一样，都属于人猿的一种。

学走路

不过人类有一个很特别的演化过程。阿法南方古猿的后代称为"能人"，意思就是"有才能的人类"，他们的双手除了攀爬之外，还可以做更多的事情。他们会把两颗石头拿来相撞，让撞破的那一部分形成尖锐的边缘，这是人类史上最早的工具，可以用来剖开果实坚厚的外壳。这种原始人的后代慢慢地不再弯着腰走路，而是学着站起来走路。站着走路最大的好处，就是可以离开保护他们的森林。因为站起来之后，在平坦的草原上，可以看得更远，更能够实时发现周围的掠食动物，避免被它们攻击。所以他们决定生活在崭新的空间。我们祖先的足迹渐渐遍布整个地球，在欧亚大陆上，演化出一种现代人类的远亲，那就是尼安德特人。他们懂得使用火，会打猎，而且也会灵巧

知识加油站

► 黑猩猩与人类有着共同的祖先。

► 我们的遗传基因与它们极为相似，相似度高达 99%！

原始的人类是怎么生活的？

人类史上最早的时期是石器时代，这个时代长达260万年之久，叫作石器时代，是因为当时的原始人只懂得利用石头做出工具，例如用石头把树枝削尖之后用来打猎。原始人就拿着这样的武器潜伏着，到处寻找猎物。但是他们并非总是可以找到足够的猎物来喂饱自己，所以原始人并不完全依赖打猎维生，也采集各种浆果、果仁，以及可以吃的草和树根。要是连这些东西也不够吃的话，那就别无选择，只好迁移到别的地方去。人类这种不断流浪的生活方式，持续了很长的一段时间，直到他们定居下来，才又创造出另外一种生活形态。

原始人留下来的生活遗迹很少，这是他们刻画在洞穴墙壁上、用来表示狩猎成果的图案。

地使用简单的石器。他们很可能还会说话。可是不知道什么原因，尼安德特人大约在3万年前消失了。

聪明的小脑袋

这些原始人到最后只剩下现代的人种，那就是智人。智人在20万年前开始出现在地球上，这个名称是"有智慧"的意思。智慧的来源就是我们的脑。智人的脑大约重1450克，这比我们所有的祖先的脑都重，而且也出类拔萃于所有的动物种类。虽然也有一些动物拥有很重的脑，例如大象的脑有5000克，但是我们脑内的神经连接较为复杂，可以解释为什么人类拥有比较高的智力，能够发展出语言、使用工具，建构起整个人类的文化。人类最终还创造出与动物世界截然不同的生活方式。

石器时代的猎杀

在石器时代，曾经有一个人掉进冰河里，使得他的身体得以保存到5000年后，被现代的登山者发现。我们帮他取了一个名字叫"奥茨"，而且还很仔细地探讨他的日常生活方式。奥茨只有160厘米高，有刺青，不能适应牛奶。我们也得知奥茨在死前经历了什么事情：他当时迫于不明人士的追逐，爬上了阿尔卑斯山。这个猎杀行动的悲剧性结局就是：他死于敌人的箭。

4.5亿年前　小型陆上植物

3.85亿年前　树木

3.6亿年前　动物登陆

2.4亿年前　恐龙出现

6500万年前　恐龙绝迹

20万年前　现代人类

人类的迁徙与扩散

4万年前

6.5万年前

1.6万年前

5万年前

现代人类最早起源于非洲，然后才散布到全世界所有的大陆，除了南极大陆。这个过程经过了好几千年的时光。

➡ 你知道吗？

人类在地球上扩散得愈远，就发展出愈多的语言。到现在，世界上总共有超过 6000 多种不同的语言。

人类定居下来

就在石器时代将要结束的时候，人类的生活方式有了很大的转变。他们"发现"了农耕及畜牧！

他们开始清理林地，在土地上耕作，借助马和驴子的帮忙，一年四季轮流种植谷物及蔬果。野生动物逐渐被畜养在居住的地方，猪可以提供肉食，鸡可以下蛋，牛和羊则供应富含营养的鲜奶。

发明陶器之后，解决了生活上的许多问题。陶器可以用来保存谷类及其他的食物，让它们不会遭受虫害，在冬天来临之前，还可以把一部分的收成储存起来。

到这个时候，人类愈来愈跟土地联结在一起，再也不是四处流浪的猎人，他们定居下来。这时开始出现一些以土块、木头建构起来的简陋房舍，旁边是饲养动物的场所。为了抵御外来的攻击，他们也用木桩筑起壁垒。较小的村落很快就形成城市，城市里建筑物到处耸立。

开拓与殖民

起初，人类四处流浪，找寻野生动物及可食用的野生植物维生，后来他们学会了如何随心所欲地让这些植物在选定的地方生长，并且开始饲养需要的动物。

可以取暖的火和保暖御寒衣物，使他们得以居住在比较寒冷的区域。就这样，他们一再地移居，散布到非常广阔的陆地，甚至于用简单的船舶，穿越了海洋。在短短的 20 万年内，人类的足迹就遍布世界七大洲里的 6 个洲。

最早的房舍用木桩把地板撑高，远离地面。这是为了保护自己，免得遭受掠食动物的袭击。

在人类进化的过程中，有许多小聚落逐渐变成巨大的城市，现在的伊斯坦布尔就是很好的例子。这个城市位于地中海与黑海之间，迁徙到这里来住的人愈来愈多。自从古希腊人开拓以来，这个地方就一再受到不同势力的征服、管辖，就连它的名字也一再更迭，从拜占庭到君士坦丁堡，再到今天的伊斯坦布尔——这是全世界最大的城市之一！

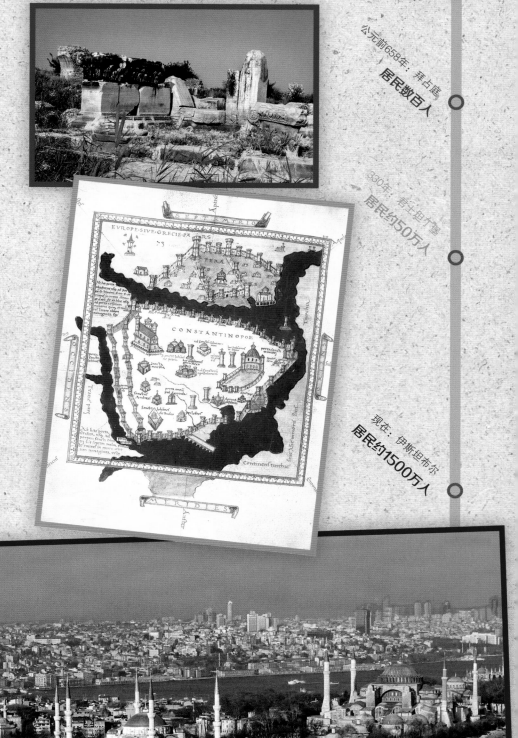

公元前658年：拜占庭
居民数百人

330年：君士坦丁堡
居民约50万人

现在：伊斯坦布尔
居民约1500万人

知识加油站

▶ 饲养在家里的动物，叫作家禽或家畜。

▶ 把它们称为家禽或家畜，是因为这些动物原本都自由生活在野外，由于人们在房舍四周建造藩篱，刻意把它们圈起来饲养，从此它们就不再是野生的动物，而是家里的动物。

地球的宝藏

人类很早就懂得利用地球上的资源，例如砍伐树木，把木材拿来盖房子。他们还会在地面寻找各式各样的岩石，其中含有各种不同的金属的岩石，就叫作矿石，把矿石用火加热熔化，可以锻造成工具。金和银可以用来打造漂亮的装饰品。地球上有些原料可以用来燃烧，进而获得能量，其中最主要的是煤、石油和天然气，少了它们，就发展不出我们眼前的现代世界，因为今天大部分的汽车、机器和工厂，都要靠它们才能够运作。地球是个巨大无比的聚宝盆，我们今天所用的每一样物品，都含有直接来自大自然的原料。

深入地下

地球表面充满了坑坑洞洞，有些是因为我们到处寻找地下蕴含的原料而挖掘的。在露天的矿场上，岩石会被一层一层地炸开，形成坑洞。这种坑洞通常有好几百米深。在采矿区里，也会有许多深入地下的矿坑，煤矿石就是从这里面开采出来的。

石油和天然气则采用很不一样的方式来开采，在挖了一个很深的地洞之后，直接把它们抽出来。

铁矿石来自地下，可以提炼出钢铁。盖房子及制造机器时，钢铁是最重要的材料。

铜矿石往往也来自地下，可以制成家里常见的电线。

智利北部的丘基卡马塔铜矿场是世界最大的露天矿场，大到航天员可以从外太空用肉眼指认出来！

部分煤矿石采自露天矿场。那里有许多巨大的挖土机和各式各样的输送设备。

最深纪录
3900 米

位于南非的陶托那金矿，深达 3900 米，是世界上最深的矿井。

金矿石是一种人人渴求的矿石，但是在一整吨的矿石里，常常只含有不到 1 克的金子！

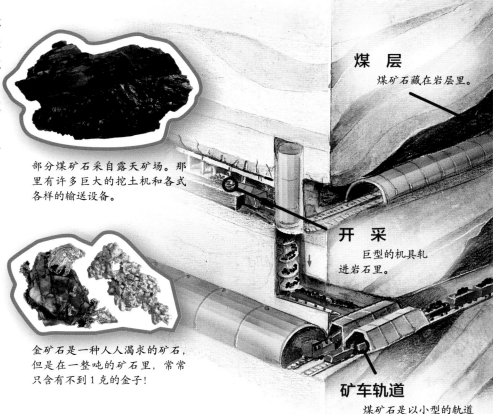

煤 层
煤矿石藏在岩层里。

开 采
巨型的机具轧进岩石里。

矿车轨道
煤矿石是以小型的轨道列车来运送。

废土堆

开采出的矿石里，有时候只含有微量的金属，或甚至根本就没有。这些废料必须集中到某处，最后堆积成巨大的废土堆。

升降塔

这里面有让升降篮上升或下降的驱动马达。

升降篮

矿工们把它当作电梯，深入地下去工作。它也被用来运送机器及开采出来的煤矿石。

空调坑道

用来为深入地下工作的矿工提供新鲜的空气。

坑 道

开矿时在地下挖成的通道。

这个钻油平台就像海上的一座岛，采出的石油除了作为开车用的汽油及柴油，还可以提炼出日常生活中常见的塑料原料。

这是开采褐煤的露天矿场。在这个辽阔的矿区，可以看见巨大的挖掘机，它们的轮斗有9层楼那么高！

无所不在的
宝贵资源

　　一根汤匙、一扇玻璃窗和一张桌子，它们之间有什么共同点？答案是它们的原料都取之于大自然。我们日常生活中，几乎所有的东西都是！但是它是用哪种原料做成的有那么容易看得出来吗？我们一眼就可以知道桌子是木材做的！但是其他很多常用的物品，我们则是一点概念也没有。你知道你正在用的玻璃杯是从一堆沙子里来的吗？这个还算简单，有些科技产品则复杂得多，例如智能手机和平板电脑，是由更多不同的材料做成的，里面还有一些我们从来都不知道的原料，比如煤炭。煤炭也被用来发电，发出来的电被输送到工厂，用来制造手机和计算机。你看，我们多么依赖地球蕴藏的资源！

从矿石到汤匙

大块矿石

开采：矿工把铁矿石开采出来。

粉碎：把大块的矿石粉碎为细小的矿砂。

我们常用的碟子，有的是由陶土制成的陶器。先在陶土里混合一些添加物之后，塑造成盘子的形状，上釉之后经过多次窑烧，使陶器变硬，就制作完成。

食盐主要是从海水提炼出来的，不过有一部分也来自陆地上的盐矿。

来自树木的木材是一种会持续生长的原料。家里的木桌就是由森林里的树木做成的。

玻璃杯是用沙子做的！从砂石场挖出沙子，经过熔化、提炼，做成杯子的形状。

石油是很宝贵的资源，除了可以做成汽油或柴油等燃料，还可以做成更多的塑料制品。

分离：把细小的矿砂区分为含矿物的矿砂及无用的矿砂。

熔化：把含矿物的矿砂加热熔化，去除掉里面的杂质，变成生铁。

加工：在工厂里，把生铁再次加热熔化，锻造成为汤匙的形状。

汤 匙

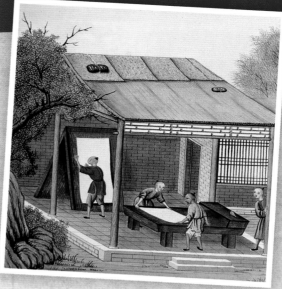

纸

105 年，中国人蔡伦改进了造纸的方法，首先制造出真正意义上的纸张。当时造纸的方法，非常类似于我们今天所用的方法。

轮 子

早在公元前 5000 年就有了轮子，这可以说是人类史上最重要的发明之一。有了它们，交通方式才得以进步，货物跟人都可以到达更远的地方。你有没有想过，轮子到底有多么重要？

真是聪明!

人类历史上，陆续出现过一些想法特别的人，他们带来突破性的发明，同时也改变了人类的生活方式。他们发明了轮子、工具、蒸汽机、印刷术、汽车、计算机，还有更多其他的东西。在未来，还会有其他东西被发明出来，彻底改变我们的生活方式。被谁发明呢？说不定就是你！

计算机

1941 年，德国人康拉德·楚泽制造了第一台计算机，名叫 Z3。它的体积非常庞大，需要一整个屋子才装得下。如今，我们手上小巧的智能型手机，计算速度比人类史上第一台计算机要快上几十亿倍。

电灯泡

在美国加利福尼亚州的一个消防队里，有一颗很特别的电灯泡。它有什么不一样的地方呢？这个灯泡从 1908 年起就一直亮着，直到今天！美国人爱迪生在 1880 年改进了电灯泡。

印刷术

1442 年，德国人约翰内斯·谷登堡运用了活版印刷，以及其他许多更容易印制书本的方法，使得书本可以更快速地大量出版。

蒸汽机

1712 年，英国人托马斯·纽科门发明了工业蒸汽机，这种机器可以产生前所未见的巨大动力。各式各样的工厂开始使用蒸汽机，促成了工业革命。

➡ 最高纪录

3 年

很早以前，把信从地球的一端送到另一端，利用帆船走最快的路径需用时 3 年。

0.5 秒

今天，把一封信从世界的某个角落送到任何一个地方，用电子邮件只需 0.5 秒。

➡ 你知道吗？

所谓因特网，就是把数以亿计的计算机连接在一起的网络。这些计算机之所以能够连接在一起，是透过陆地上每个地方的电线，甚至于海洋底下的电缆。这些电线的总长度加起来远超过数千千米，而那些电缆有时候则有手臂那么粗，包在里面的是很细小的光学纤维。我们所传送的数据就是用光脉冲的形式在这里面传输。

1886 年，德国人卡尔·本茨发明了世界上第一辆汽车。那个时候的汽车看起来像一辆马车，不过前面没有马匹在拉，而是由轮子下的引擎驱动。

速度！速度！

几千年来，人类都是用脚、坐船或由马匹拉车前进。如果要到很远的地方去，不仅需要很长的时间，而且旅途上千辛万苦。到了 19 世纪，随着铁路的发明，情形有了很大的转变。人们突然可以在 1 小时内就轻轻松松抵达 50 千米远的地方，这简直是先前做梦都想不到的！然而，人们对这种旅行速度还是不满意，19 世纪又发明了第一辆汽车。过了几年，第一架飞机就从地面起飞了！从这时开始，人类的旅行速度扶摇直上，更快的火车、汽车和飞机，接二连三地出现。

世界上第一架飞机是莱特兄弟制造出来的。当时他们只是离开了地面，飞行了几秒钟。

1825 年，世界上第一辆火车"旅行者号"以每小时 24 千米的速度，从英国的斯托克顿开到达灵顿。

我们改变了地球

本来含有水分的土壤，因为水分都蒸发掉而裂开了。由于气候变迁，地球的许多区域饱受干旱的威胁。

近两百年来，人类史无前例地快速改变了我们的星球。我们砍伐了太多的森林，把那些地方拿来开路和盖房子。城市规模越来越大，掠夺了植物和动物的生长空间。空气、湖泊、河流、海洋都受到严重的污染，甚至于影响了整个地球的气候，从北极的例子我们可以很清楚地看出来。北极的冰因为温度上升而逐年变少，这使得生长在冰上的北极熊及其他动物的生存空间也遭到缩减。海平面慢慢升高，甚至于高过某些陆地，许多海岸线在几十年内将会面临被淹没的危险。与此同时，许多其他区域却正饱受干旱带来的苦难！

温室效应

大气层是地球很重要的保护膜。大气层里所含的各种温室气体，使我们生活的环境就像栽培植物的温室一样。太阳光携带进来的热量，有一部分被保留下来，这称为"温室效应"。如果不是这种温室效应，地球上的温度就会比现在低得多，甚至于不适合生存。但是人类为了获得便利，建造了大量的汽车和工厂，燃烧大量的石油、天然气、煤炭和木材。在燃烧的过程中，会产生二氧化碳。这些气体从烟囱或排气管排放到空气中，经年累月下来，大气层中聚积了更多的温室气体，使得温室效应越发显著，失去了原来天然的温室效应所维持的平衡。这也使得全球气候发生改变，各个气候带逐渐往极地的方向移动。

保护着地球的大气层，就像是温室的屋顶一样，可以阻挡地球表面热能的流失，具有防寒保温的效果，这叫作温室效应。但是当我们排放出过多的二氧化碳，就会造成全球变暖、气候变化。

好主意

人类过度剥削大自然的资源，伤害了环境，影响了气候。庆幸的是，我们起码已经发现了这个问题，趁着一切还不至于太晚，可以做一些改变，来挽回这个局面！人类已经想出一些好主意，可以缓和地球环境恶化的危机。

海洋保护区

由于过度捕捞，我们已经危及海洋生态的平衡。因此，人们开始相互约定，划设保护区，在保护区内不可以捕鱼。这样一来，海里的动物就得到喘息的机会，在不受干扰的环境下繁殖生长。

风力发电

用巨大的风车，可以把风吹的动力转变为电力。这种做法不会污染空气。巨大的风力发电机通常架设在靠海的地方。

太阳能

太阳照射大地的能量是取之不尽的。这些能量也可以用太阳能板转换为电。太阳能板可以装在屋顶上，或是集中在开阔平坦的地区，构成庞大的太阳能发电厂，就像图里的西班牙的 PS10 发电厂。

垃圾处理

果皮、厨余很容易被土壤里的微生物分解，回到大自然的循环里。但 PET 塑料瓶要花 450 年才能被分解！所以这类塑料垃圾必须回收，经过处理再利用。最好的方法还是不要用这种塑料材料！

你可以做些什么？

· 尽量骑自行车，不要开汽车。
· 长途旅行时，与其搭飞机，不如搭乘陆上公共交通工具。
· 不要随意把垃圾丢到大自然里。
· 可以的话，尽量不要使用过度的包装。
· 积极参与保护大自然的工作，例如加入环保团体。

持续研究地球!

现代人居住在地球上已经有好几千年，到现在也应该什么都研究清楚了，不是吗？不是，还早得很！科学家天天都会碰到前所未见的新鲜事物，他们永远不会厌烦，因为还有一大部分的动物和植物，是我们从来都没有发现过的！原因之一是它们躲得远远的，有些藏身于深海底下，有些住在原始森林的巨大树梢。也许你也想成为科学家，例如生物学家、考古学家或火山学家，共同参与研究工作，进一步揭开关于我们这个星球的更多奥秘。

深海里的科学研究

有人说，我们对于地球深海的了解，还不如月球表面！海洋深处不像月球表面那么容易观察，有些海洋学家只好搭乘潜水艇，深入海底去看个究竟。一趟潜水艇之旅，从海面抵达黑暗的海洋深处，常常要花好几个小时的时间，这是因为海洋中的许多地方有好几千米深。不过这么远的旅途是值得的！潜水艇上的照相机可以拍到各式各样的奇景，例如，可以看到水中的鱼类如何用光信号来互相沟通，有些动物对水流有非常灵敏的反应。生物学家尝试在海底寻找、观察更多前所未见的动物，他们想要知道，究竟有哪些动物可以在又深又暗的海洋里生存！

这只刚发现的虾，身长只有两毫米，但是身上却长着两个大小不成比例的巨大钳子。它们到底为什么需要这么大的钳子？科学家也很想知道。

深海里的琵琶鱼，嘴巴上面长着一根"钓竿"。这个长得像钓竿的器官，还会在黑暗的深海里发光，吸引其他鱼类来到自己的嘴巴前面，然后一口把它们吃掉。

陆地上的科学研究

就算是在陆地上，也有很多区域是我们一直都不了解的。例如南美洲的亚马孙雨林，还有很广阔的区域至今仍然不为人所知，光是在这个地方，生物学家每年都会发现好几千个新的物种！然而研究工作相当艰辛，因为这些丛林非常难以穿越，再加上这里大部分的动物，从鸟类到甲虫，都生活在很高的树上！因此科学家也必须往高处攀爬。他们需要爬树，如果太危险，就搭乘小型的气球上去。

当火山学家亲自上山检查岩浆的时候，必须全身穿戴防护衣。液态的岩浆往往都有超过 1000 摄氏度的高温！

生物学家采集昆虫和其他动物的样本，来做更仔细的研究。工作完毕之后，他们当然还会把这些动物放回去。

追踪历史的足迹

考古学家就是现代的寻宝专家！但是他们并不会因此而发财，因为他们所寻找的宝藏，是曾经出现在地球上的古代文明遗迹。这些遗迹通常是深深埋在地底下，无论是瓶瓶罐罐、断垣残壁、各式各样的工具，还是其他许多东西，都是考古学家所珍惜的宝藏。他们用现代化的测量仪器，侦测埋在地下几米深的金属物品，一旦确定地下有东西，就拿起铲子往下挖掘。

通往地下深处的科学研究

我们至今都还不能完全掌握地球内部的动态，因此火山学家被赋予了很艰巨的任务。他们必须监视各处的火山口，虽然它们通常都很安静！为了做这些事情，火山学家必须常常亲自爬上去，用各式各样的侦测器，检查火山口里的岩浆有没有升高。他们还必须测量从许多裂缝所喷出来的气体有什么成分。透过所得到的全部资料和数据，他们可以综合判断某座火山是不是快要爆发了，如果答案是肯定的，那么还要很仔细地观察火山灰及岩浆会朝哪个方向喷发，这样才方便及时警告周围的居民。

挖掘古代文明的遗迹是急不得的事情。考古学家必须小心翼翼，唯恐破坏了踩在脚底下的古代器物。所以他们手中拿的常常是一支毛刷！

➡ 你知道吗？

在很久以后的未来，我们的星球上再也不会有任何生命存在。也就是说，大概在 50 亿年之后，我们的太阳就会走到生命旅途的终点，它会急速地膨胀。到时候，我们的地球就会非常炎热，热到海洋里的所有水分全部蒸发。接着，所有的岩石都会熔化成液态，也全部蒸发掉。

最长的河流峡谷
科罗拉多大峡谷

哇！！！

地球上所发现最古老的岩石，超过44亿岁——都快跟地球一样老了！在我们这个独特的星球上，还有更多令人惊叹的世界之最！

1800 米

位于美国西南部科罗拉多河中游的科罗拉多大峡谷，深达 1829 米。这个峡谷之所以会形成，是科罗拉多河的流水用几百万年的时间侵蚀出来的。

最干燥的地点
阿塔卡马沙漠

10 年

在南美洲的阿塔卡马沙漠，有时候长达 10 年不下一滴雨。要不是天文学家来到这里，建造数组望远镜，那么干燥的地方，根本不会有人类的踪迹。阿塔卡马沙漠几乎不下雨，天空中没有云，所以是个适合观察星星的好地点。

最冷的地点
南极的冰漠

零下 89 摄氏度

零下 89 摄氏度，是科学家在南极的沃斯托克研究站测量到的数字。在这个地方最好不要出门，因为身体里呼出去的空气，马上就会结冰，而且就算穿上最厚的衣服，也只能够维持几分钟的温暖。

70 摄氏度

在伊朗的卢特沙漠里，气温有时候高达 70 摄氏度。这是热得让人受不了的温度，就连最耐热的植物，在这个沙漠的大部分区域都活不下去。这里唯一的生物是生活在沙里的微小细菌。

深 1620 米

如果潜入东西伯利亚的贝加尔湖，可以潜到 1620 米深。这个湖不仅是地球上最深的湖，也是储水量最大的淡水湖。

最深的湖
贝加尔湖 ←

最热的地点 →
卢特沙漠

最高的山 ←
珠穆朗玛峰

海洋中的最深处 →
马里亚纳海沟

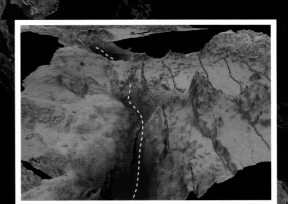

8848.86 米

珠穆朗玛峰以海拔 8848.86 米的高度，赢得了世界第一名。这座高山属于喜马拉雅山脉，每年都会有许多登山者前来攻顶。

11034 米

我们的海洋最深处，是位于太平洋、深达 11034 米的马里亚纳海沟。人类第一次搭乘潜水舱探勘这个地方的时候，光是从海面潜入到底部，就花了将近 5 个小时的时间。

名词解释

大气层：地球的空气保护膜，含有呼吸所需要的氧气以及其他气体。

阿法南方古猿：远古时期的人类祖先，大约生活在 390 万年前。

恐 龙：从 2.4 亿万年前至 6500 万年前生活在地球上的动物。

单细胞生物：只由一个细胞所构成的生命。这是地球上最早的生命形态。

地 轴：地球自转所环绕的那条虚拟的直线。

地 核：地球最里面的核心。大约像月球那么大，而且有一部分是液态的金属。

地 壳：地球表面大约 50 千米厚的硬壳，地壳就好像地球的皮肤。

地 磁：地核所产生的磁场。我们的指北针就是利用地磁来指引方向。地球磁场涵盖的范围很广，远远超过了大气层。

地 幔：地球内部最厚的一层。温度高达 4000 摄氏度，大部分还是由固态的岩石构成的。

智 人：现代的人类。

潮 汐：退潮与涨潮。海水受月球和太阳引力的影响而产生的现象。海水会有规律地退回海中，或高涨到岸上。

气候带：地球表面气温及雨量类似的带状区域。

大 陆：地球表面上很大的陆块。有些是连在一起的。

熔 岩：火山里的岩浆喷发到外面冷凝之后，称为熔岩。

陨 石：从外层空间掉下来的石头。有时掉进海里，有时会砸到陆地。

岩 浆：蓄积在火山里熔化成液态的岩石。

微生物：所有难以用肉眼直接看到或看不清的一切微小生物的总称，包括单细胞生物。

大西洋中脊：大西洋深处一列很长的海底山脉。点缀着成串的火山，从南至北，贯穿了大西洋。

尼安德特人：3 万年前消失在地球上的人类。与现代人类具有血缘关系。

海 洋：地球表面被盐水覆盖的区域。海洋与海洋之间是彼此相通的。

臭氧层：大气层中很薄的一层，含有臭氧。它可以阻挡太阳光里对人体有害的紫外线。

盘古大陆：在 1.5 亿万年前，地球上的所有大陆是连在一起的原始陆块，称为"盘古大陆"。后来才慢慢分开来，成为现在的七大板块。

板块运动：地壳板块的移动。由于板块运动，造成地震，挤高山脉，也形成火山。

极 光：大气层高处发光的现象。这是太阳风的粒子入侵地球大气层而产生的。

原 料：存在于大自然的原始材料，包括木材、矿物、石油、煤炭和砂石。

淡 水：人类可以喝的水，包括湖水、河水和井水，还有极地里结成冰的水。

海 沟：海底里的深沟。最深的海沟是马里亚纳海沟。

温室效应：地球的大气层产生的自然保温效应。由于汽车及发电厂等大量排放出二氧化碳，加剧了温室效应，造成了气候变迁。

对流层：地球大气层之中最靠近我们的一层。所有的天气现象都发生在这一层。

水循环：湖泊、河流、冰河及海洋中的水蒸发，成为云，再以下雨的方式回到地球表面。这个循环过程，是所有天气现象的主宰者。

内 容 提 要

本书用精彩的图画演绎了地球 46 亿年的演进史，地球的陆地、海洋和天空都曾有过哪些生物？人类是如何变成现在的样子的？让孩子跟随本书的脚步，了解地球上这一段宏大的历史。《德国少年儿童百科知识全书·珍藏版》是一套引进自德国的知名少儿科普读物，内容丰富、门类齐全，内容涉及自然、地理、动物、植物、天文、地质、科技、人文等多个学科领域。本书运用丰富而精美的图片、生动的实例和青少年能够理解的语言来解释复杂的科学现象，非常适合 7 岁以上的孩子阅读。全套图书系统地、全方位地介绍了各个门类的知识，书中体现出德国人严谨的逻辑思维方式，相信对拓宽孩子的知识视野将起到积极作用。

图书在版编目（CIP）数据

神奇地球 /（德）卡尔·乌班著 ； 林碧清译 . -- 北
京 ： 航空工业出版社，2021.10（2024.1 重印）
（德国少年儿童百科知识全书 ： 珍藏版）
ISBN 978-7-5165-2750-4

Ⅰ．①神… Ⅱ．①卡… ②林… Ⅲ．①地球—少儿读
物 Ⅳ．① P183-49

中国版本图书馆 CIP 数据核字（2021）第 200053 号

著作权合同登记号
图字 01-2021-4068

Unsere Erde. Der blaue Planet
By Karl Urban
© 2013 TESSLOFF VERLAG, Nuremberg, Germany, www.tessloff.com
© 2021 Dolphin Media, Ltd., Wuhan, P.R. China
for this edition in the simplified Chinese language
本书中文简体字版权经德国 Tessloff 出版社授予海豚传媒股份有限
公司，由航空工业出版社独家出版发行。
版权所有，侵权必究。

神奇地球
Shenqi Diqiu

航空工业出版社出版发行
（北京市朝阳区京顺路 5 号曙光大厦 C 座四层　100028）
发行部电话：010-85672663　010-85672683

鹤山雅图仕印刷有限公司印刷　　　　全国各地新华书店经售
2021 年 10 月第 1 版　　　　　　　　2024 年 1 月第 7 次印刷
开本：889×1194　1/16　　　　　　　字数：50 千字
印张：3.5　　　　　　　　　　　　　定价：35.00 元

船的故事
从独木舟到远洋巨轮

飞机的秘密
人类飞行的梦想

火山探秘
来自地底的火焰

七大奇迹
上古时期的宝藏

汽车世界
精彩的汽车发展史

鲨鱼家族
海洋里的捕猎猎手

百变天气
阳光、风和暴雨

穿越大自然
探究与保护

鲸和海豚
海洋里的哺乳动物

恐龙王国
永远消失的地球霸主

矿物与岩石
闪闪发亮的宝藏

爬行与两栖动物
蜥蜴、蟾蜍和蛇蜥

大自然的力量
难以估量的威力

改变世界的电
高电压与超导体

各种各样的鱼
水下的奇妙世界

猫的家族
拥有柔软脚爪的敏捷猎手

奇境森林
动物和植物的天堂

忠诚的狗
四只爪子的英雄

浩瀚宇宙
宇宙的秘密

狼的故事
走进荒野猎食者的领地

蚂蚁和白蚁
了不起的建筑师

美丽的蝴蝶
色彩斑斓的自然精灵

蜜蜂和胡蜂
美味的蜂蜜与可怕的毒针

潜水的魅力
潜入水下的迷人世界

古老的希腊文明
诸神、英雄和诗人

古罗马生活
古罗马城市的社会百态

欧洲风情
人口、国家和文化

骑士时代
城堡、比武大会和贵族女性

舞动的音符
走进音乐的奇妙世界

古老的城堡
中世纪的见证

熊的秘密生活
棕熊、大熊猫、北极熊

化石档案
生命的痕迹

奇妙的昆虫
六条腿的生存艺术家

极地世界
生活在冰雪王国

神秘的蜘蛛
丝线上的猎手

大象王国
温和的"巨人"

海底宝藏
沉没的宝藏

海洋之谜
海洋研究与保护

火星登陆
红色星球定居计划

忙碌的农场
动物、植物与农业机械

时尚魅影
时尚的古与今

全球气候
冰期和气候变化